3
2

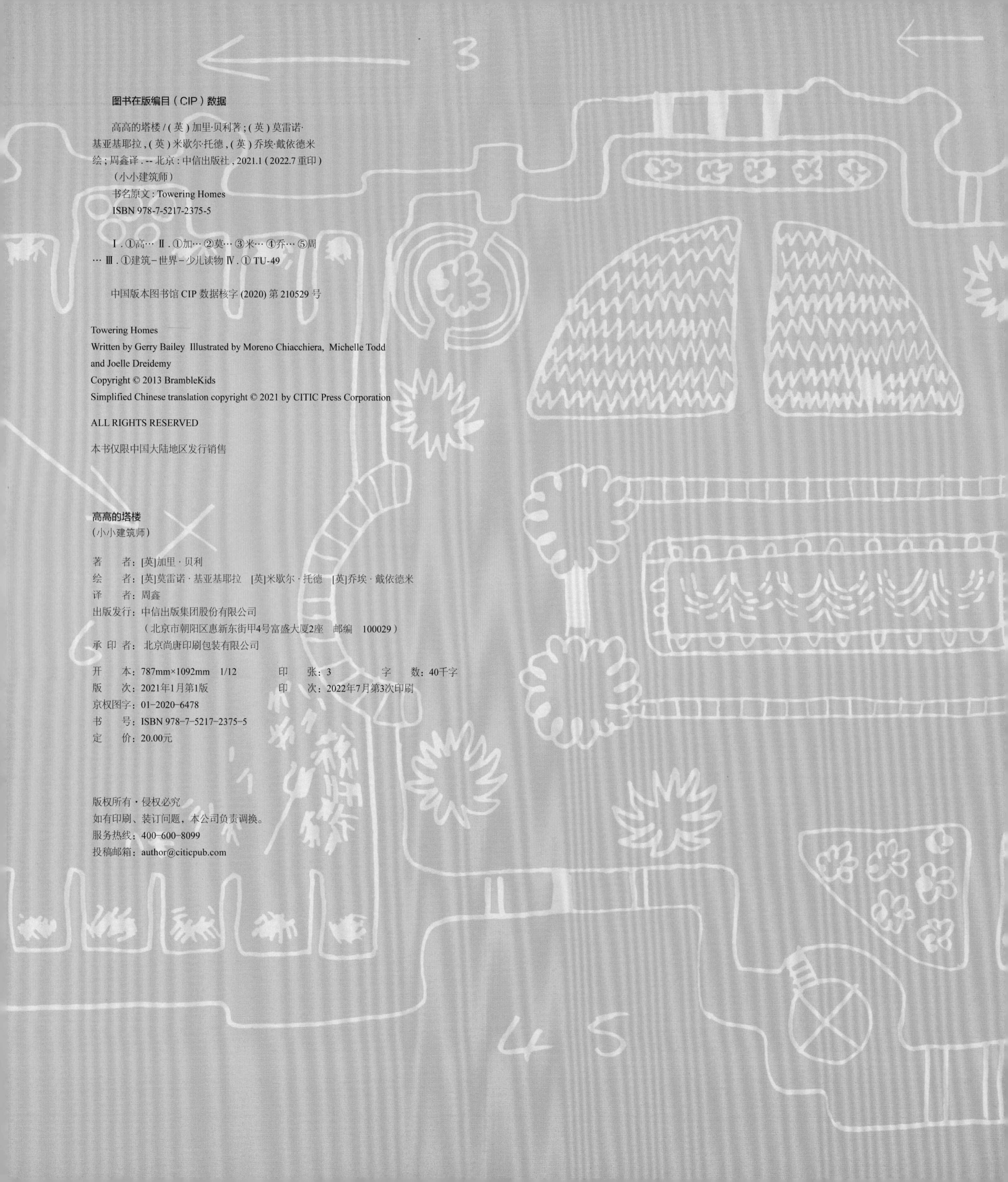

图书在版编目（CIP）数据

高高的塔楼 /（英）加里·贝利著；（英）莫雷诺·基亚基耶拉，（英）米歇尔·托德，（英）乔埃·戴依德米绘；周鑫译. -- 北京：中信出版社，2021.1（2022.7 重印）

（小小建筑师）

书名原文：Towering Homes

ISBN 978-7-5217-2375-5

Ⅰ.①高… Ⅱ.①加… ②莫… ③米… ④乔… ⑤周… Ⅲ.①建筑－世界－少儿读物 Ⅳ.① TU-49

中国版本图书馆 CIP 数据核字 (2020) 第 210529 号

Towering Homes

Written by Gerry Bailey Illustrated by Moreno Chiacchiera, Michelle Todd and Joelle Dreidemy

高高的塔楼

（小小建筑师）

著　　者：[英]加里·贝利

绘　　者：[英]莫雷诺·基亚基耶拉　[英]米歇尔·托德　[英]乔埃·戴依德米

译　　者：周鑫

出版发行：中信出版集团股份有限公司

（北京市朝阳区惠新东街甲4号富盛大厦2座　邮编　100029）

承 印 者：北京尚唐印刷包装有限公司

开　　本：787mm×1092mm　1/12　　印　　张：3　　字　　数：40千字

版　　次：2021年1月第1版　　印　　次：2022年7月第3次印刷

京权图字：01-2020-6478

书　　号：ISBN 978-7-5217-2375-5

定　　价：20.00元

服务热线：400-600-8099

投稿邮箱：author@citicpub.com

高高的塔楼

[英] 加里 · 贝利　著

[英] 莫雷诺 · 基亚基耶拉
[英] 米歇尔 · 托德　绘
[英] 乔埃 · 戴依德米

周鑫　译

中信出版集团 | 北京

目录

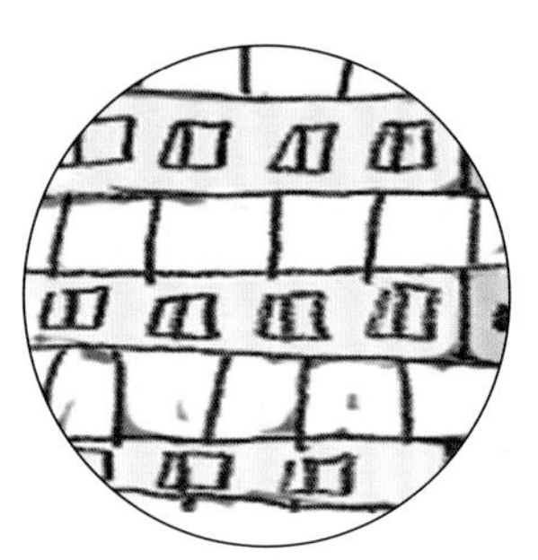

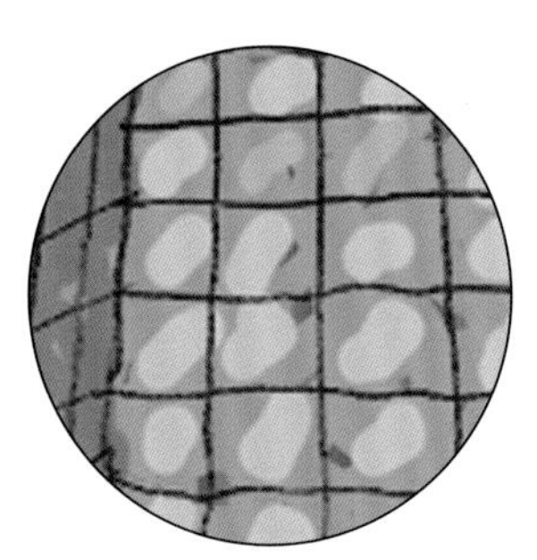

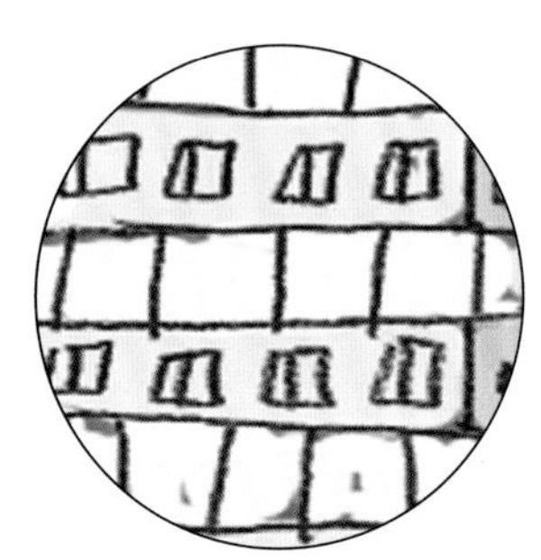

你喜欢高高的房子吗？

有的人喜欢住在低矮的房子里，比如村舍或平房，也有的人喜欢住在高高的房子里。今天的建筑可是建得越来越高了！许多高楼像巨型的尖针那样直插云霄。

不过在从前，人们还盖不了像现在的摩天大楼那么高的建筑。你想过当时人们认为的高高的建筑是什么样的吗？

你可以在这本书中读到其中一些答案，如果有一天你成了一名建筑师，那你就可以设计一幢自己的摩天大楼啦。

层层叠叠的高楼

随着越来越多的人涌入城市，用于建造房屋的土地就没有那么充足了。因此城市在向外扩张的同时，也在尽可能地向上延伸。

和普通的平房相比，高层公寓能容纳更多住户，但占用的地面空间却更少。这是因为它不仅把人们的家一层层地摞了起来，还创造了许多共享空间。

高层公寓里可能会有公用的地下车库，还有公用的洗衣房、公共垃圾处理中心、公共的运动场馆，有的甚至还附带游泳池。

栋高层公寓里住着数百人

高层公寓内部

公寓由许多楼层组成。

整栋大楼的入口位于一楼。

有些公寓的一楼可能还有商店和餐馆。

楼层与楼层之间通过楼梯和电梯相连接，一般至少有一部电梯，有些会有好几部电梯。

公寓里有客厅、厨房、卧室和浴室。

摩天大楼顶层的房子很宽敞，被称为空中别墅。那里可以看到很棒的景色！

地下室可以用来做洗衣房。

楼顶建有直升机的停机坪。

停机坪
空中别墅
Flap Flap
公寓
电梯
商店
入口

各种各样的楼梯

电梯　电梯可以将人或货物运送到高楼的各个楼层，它就像一个被滑轮系统上下拉动的箱子。当电梯与要停的楼层处于同一高度时，电梯门就会打开。电梯必须结实耐用，因为它的使用非常频繁。

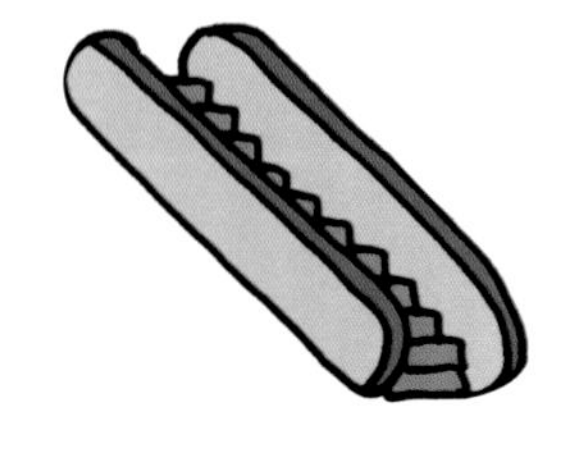

自动扶梯　自动扶梯倾斜着连接不同楼层，上下运送乘客。在自动扶梯的内部，有电动机驱动的链式输送机，扶梯上的阶梯就与链式输送机相连，这样，自动扶梯就可以循环转动了。

楼梯　楼梯架设在楼层之间，供人上下行走。楼梯需要有支撑框架和扶手，是整栋楼房里最牢固的部分之一。

逃生梯　发生火灾时，我们不能乘电梯逃生，楼梯也可能会浓烟密布，因此，安装专门的逃生梯就很有必要了。逃生梯是一组用阶梯连接的铁制平台，一般安装在建筑物的外墙上。

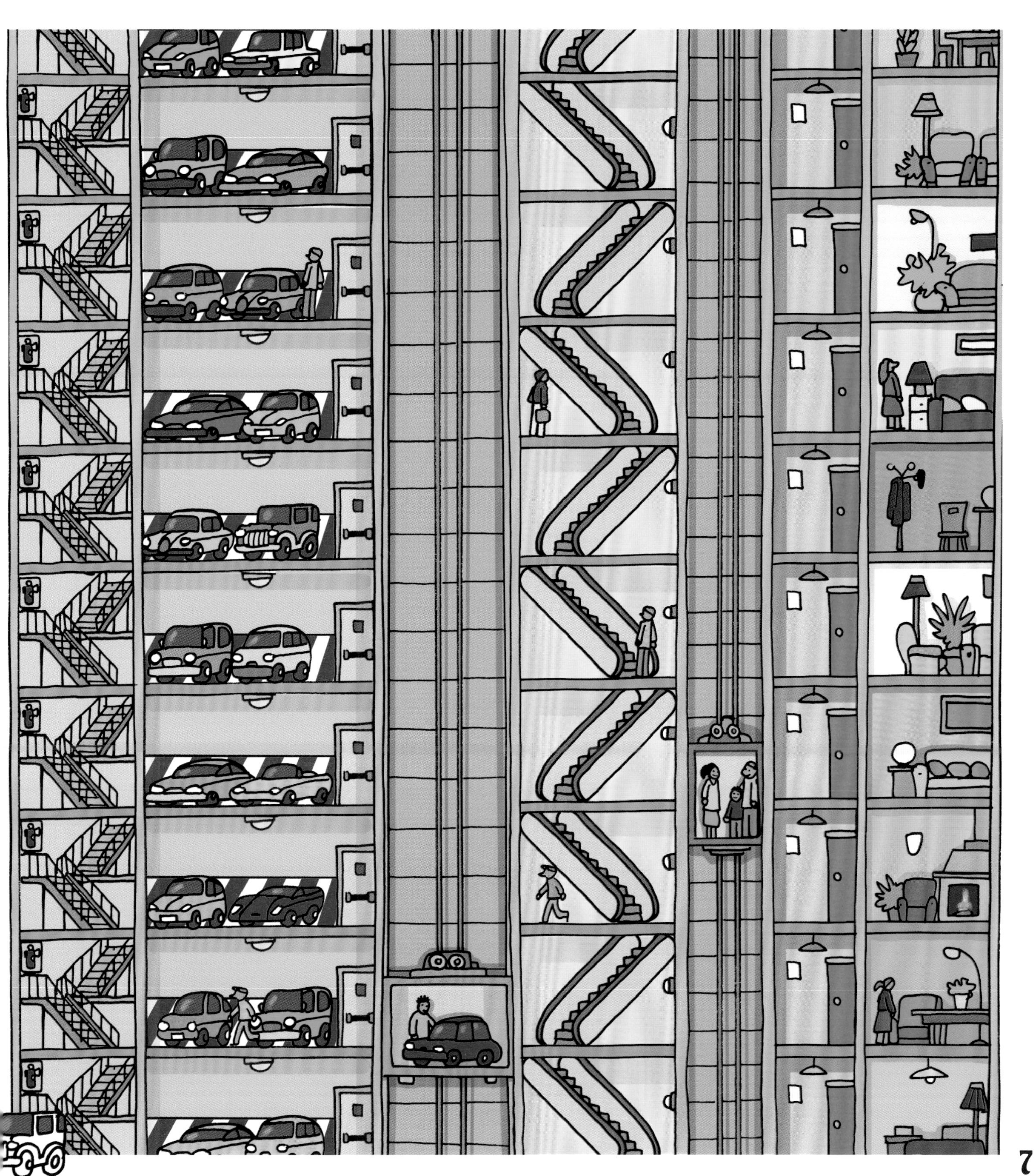

玻璃与钢铁

建造摩天大楼主要使用三种建筑材料——玻璃、钢筋混凝土和钢铁。钢梁框架要承担整个建筑的重量。

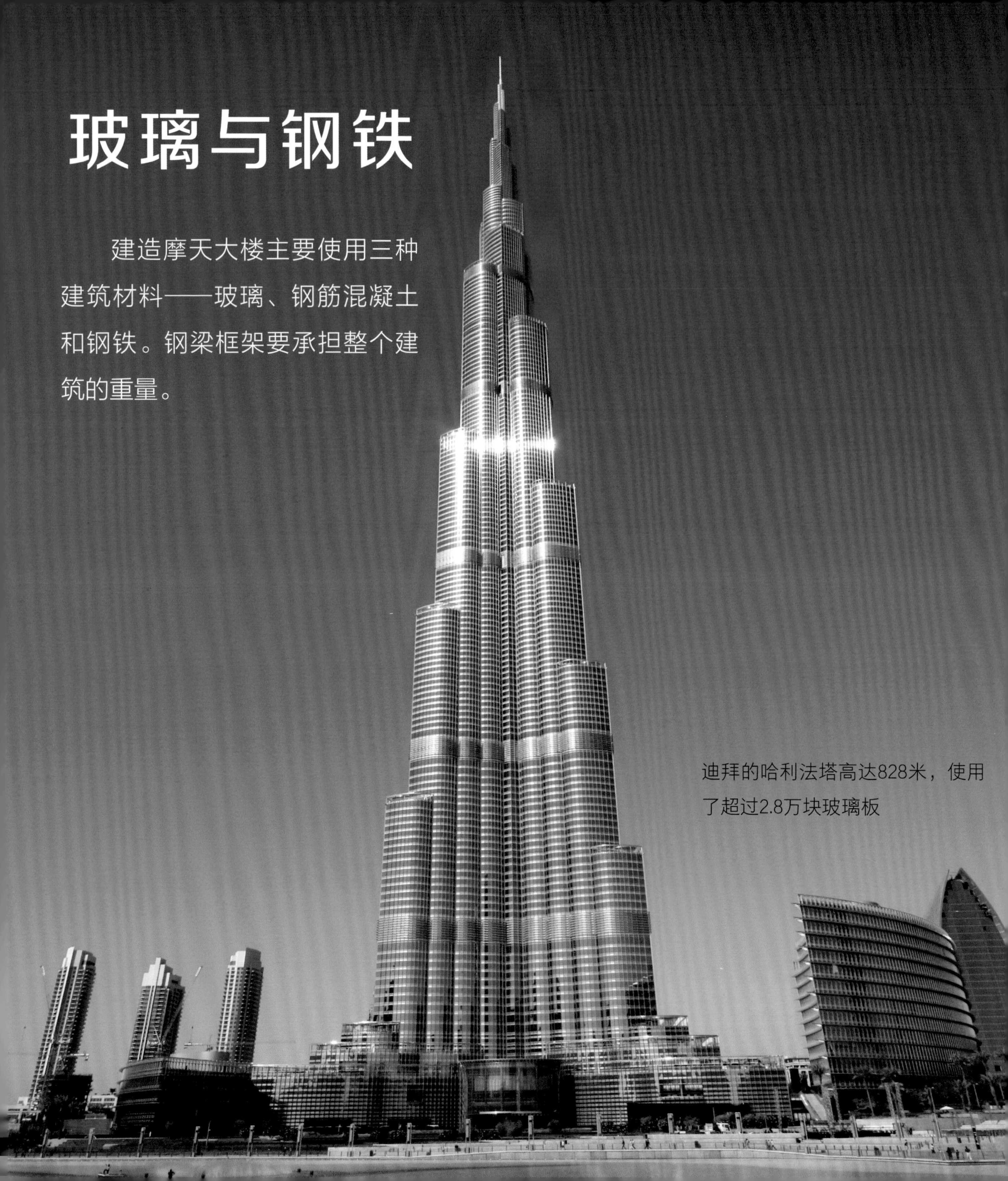

迪拜的哈利法塔高达828米，使用了超过2.8万块玻璃板

把一些成分比较特殊的沙子高温加热，使它们熔化，再经过定型、冷却，就制成了玻璃

混凝土是由水、水泥粉和砂石等混制而成的。把混凝土浇筑在钢筋网格里，可以制成钢筋混凝土。钢筋能够加强混凝土的强度，使其不易被强风吹断

钢铁是铁和碳的混合物，也被称为铁碳合金。在炼钢时，把生铁和碳放在炼钢炉里按照一定工艺熔炼，再倒进模具里，放置冷却和定型

建筑师笔记

地　基

建造高层建筑的关键，在于保证建筑物直立，不会倾斜或倒塌。为了做到这一点，需要在建筑物下面的地里打入结实的钢筋混凝土柱，这些柱子叫作桩。桩可以加固地基，并将建筑物的一部分重量传递到地下更坚实的岩层上。一些摩天高楼的地基，甚至需要打入数百根桩，它们有的可以深入地下达数十米。

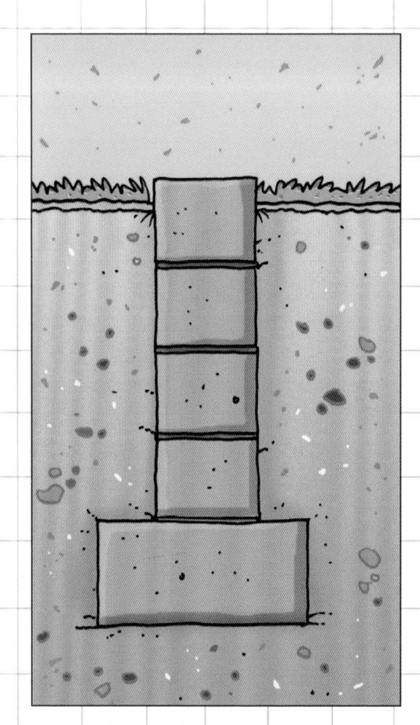

用混凝土浇筑的较浅的地基，能支撑的建筑物高度也比较低

这些桩需要深压到地下，它们能够支撑高大的建筑物

建筑师笔记

建筑物模型

在建筑物施工之前，建筑师常常会根据设计图纸，制作出立体模型，这个模型通常是按建筑物的实际大小成比例缩小制成的。也就是说，这个模型上的每一部分，无论有多小，都能反映它在真实建筑物上的样子。

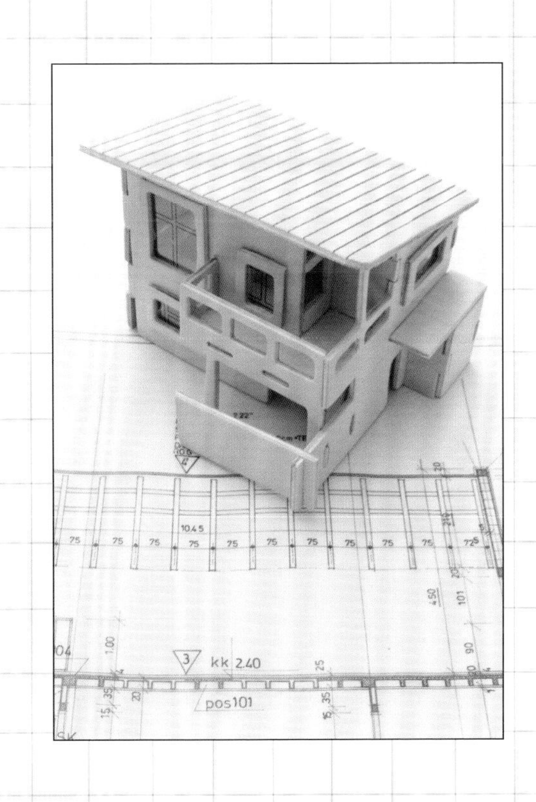

普韦布洛人的“公寓”

普韦布洛人是北美洲印第安部落的一支，他们生活在美国西南部的村庄里。这片土地上遍布着陡峭的峡谷和沙漠。

普韦布洛人因其所建造的房子而得名（在西班牙语中，“pueblo”是城镇的意思）。这些房子都是用土坯制成的。普韦布洛人将沙子、黏土、干草混合在一起，烘烤成坚硬的土坯来建造房子。

普韦布洛人建造的房子像多层公寓一样，他们把一个房间建在另一个房间的顶上，一层一层地往上搭。人们可以通过梯子，爬到较高的房间里。

普韦布洛人不仅是杰出的建筑师，还是出色的陶器专家，他们在饲养火鸡，种植玉米、南瓜、豆子等方面，也是一把好手。

有些普韦布洛房屋至今仍在被使用

高原上的窑洞

想象一下住在山洞里的感觉！在中国的黄土高原上，有一种神奇的房屋，它们是在土坡上挖洞建成的，被称为窑洞。远远望去，一排排窑洞依山而建，很是壮观。数百年来，当地人一直住在这样的窑洞里面。

大多数窑洞建在土坡边沿。这个区域土质松软，易于挖洞。窑洞入口多为半圆形，内部是一个长长的房间。厚厚的土层能起到良好的隔温作用，因此窑洞里面冬暖夏凉。当然，现在大多数窑洞都已经配备了水暖、电力和通信设施。

在黄土高原上，现在还有许多人居住在窑洞里

一直升到最高点！

中国山西省太原市永祚寺的凌霄双塔，塔高约55米

提起古代最具代表性的高层建筑，或许就要数佛塔了，有的佛塔甚至建到了37层。

佛塔最初发源于印度，后来随着佛教的传播，传入亚洲其他地区。佛塔通常用来存放舍利、经卷和法物。

按照佛教传统，佛塔的层数都是奇数的。一些地方的佛塔会用动物雕刻来装饰，比如狮子和大象，甚至还有龙。

泰国清莱观音寺中的佛塔

在古代中国，高高的建筑除了佛塔外，还有设计精美的楼阁，直到今天，我们还会佩服工匠们高超的建筑技艺。

中国重庆市的石宝寨以其
独特的建筑风格而闻名

倚山而建的虎穴寺

不丹的虎穴寺是世界上最著名的佛教寺庙之一。传说，高僧莲花生曾骑着一只老虎飞到此地，来到帕罗山谷的一处洞穴冥想修行。后来，这里就变成了佛教徒参拜的圣地。

1692年，当地人在这处洞穴附近修建了一座寺院，将它命名为虎穴寺。虎穴寺中建有多座佛堂，规模宏大，美轮美奂。

虎穴寺建在海拔3120米的悬崖上，距离山谷地面有800米高。人们只能通过步行或者骑骡子、骑马进入寺里。

升起吊桥

城堡是一种欧洲中世纪时期出现的军事建筑，既可以当作防御基地，也可以用来居住。建筑师常常会特地把城堡建在山顶，这样能让城堡更加安全！

箭塔是城堡中重要的防御建筑，通常人们先用泥土筑成大土堆，再在土堆上用木头或石头建造箭塔。

人们还在城堡四周挖出深深的沟渠，向里面灌满水，修成护城河或壕沟。这样一来，进出城堡大门的唯一通道，就只剩下一座可以升降的吊桥了。

建一座简易的吊桥

吊桥是一种简单的机械装置，它使用缆索和滑轮系统升降桥面。更复杂的滑轮系统会使用绞盘。绞盘转动时，缆索拉紧吊桥并将其升起。

现代的吊桥，例如英国伦敦的塔桥，使用电力驱动机械，桥面可以从中间一分为二，抬升起来供船只通行。

吊桥是通往城堡箭塔的唯一入口

比萨斜塔

这座塔看起来好像马上就要倒塌了，是不是？可是，它已经这样倾斜着屹立了800多年了！它就是比萨斜塔，是意大利比萨大教堂的一座钟塔，钟室位于它的第八层，也就是最高层。比萨斜塔在设计时原本是垂直竖立的，但因为奠基过程中出现了失误，导致塔身倾斜。

比萨斜塔高约55米，到1990年，它的倾斜度已有5.5度。为了防止塔身继续倾斜甚至倒塌，人们做了许多尝试，但效果都不好。后来，有一位工程师想出了一个办法——如果从比萨斜塔倾斜的反方向的地基中挖出一些土来，那么塔身会不会向这个方向回落，从而往回倾斜一些呢？从20世纪90年代开始，人们用了近十年时间，从斜塔北侧下方慢慢挖出了一个楔形缺口。

在重力的作用下，比萨斜塔开始缓慢地向缺口回落。这大大缓解了比萨斜塔的倾斜状况

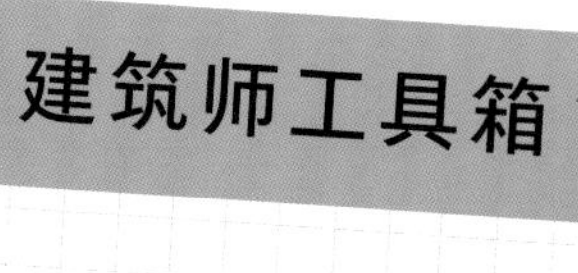

建筑师工具箱

铅垂线

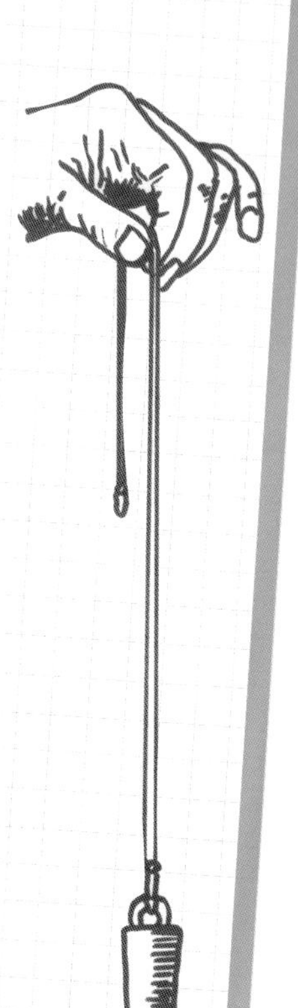

把铅锤或其他重物系在细线上，让它自然地下垂，这时细线下垂方向所在的直线就叫作铅垂线。建筑工人们常常用铅垂线来测量建筑物的墙体是否垂直于水平面。垂直的意思是墙体需要与水平面成90度的夹角。

横梁
茅草
竹席
桩柱
水泥
宽木板

桩柱上的高脚屋

如果你住在广袤的荒原上或水边，你会如何保护房子不受野兽或洪水的破坏呢？有一种方法是把房子建在高高的桩柱上。这种建筑样式叫干栏式，因为房屋建在高高的桩柱上，像长了脚一样，因此又被人们称作高脚屋。世界上许多地方都有高脚屋，有的高脚屋非常高，你想知道它们是怎么建造的吗？

在建造高脚屋之前，先在地面上做标记，标明每个墙角桩柱的位置。

在每个标记处打下一根桩柱。每两处标记之间，也打下一根。可以在桩柱根部浇筑水泥，这样就会更稳固了。

把木板横放在桩柱上，形成格子状。再将一些宽宽的木板铺在格子上，做成地板。

在地板上竖起构成四面墙体支架的立柱，立柱上再架设水平方向的横梁和托梁。用瓦片或茅草在横梁和托梁上搭建屋顶。

在立柱之间搭建房屋外墙，记得为门窗留好空间。

有些奎笼是独立的，有些则连在一起，形成小的村落。人们可以通过木梯到陆地上去

水上高脚屋

有些高脚屋建在水上。房屋底部是高高的桩柱，这样，即便洪水来临，房子也不会被破坏。

奎笼是一种常见于东南亚地区的高脚屋。较小的奎笼最早是捕鱼用的，较大的奎笼则用来居住。

建造奎笼不需要使用钉子，只要用藤条将木板和木柱绑在一起就行了。房子下面的木桩长约20米，其中埋入海床的长度就有6米。

把木板和木柱绑在一起，做成栈桥和房屋之间的通道

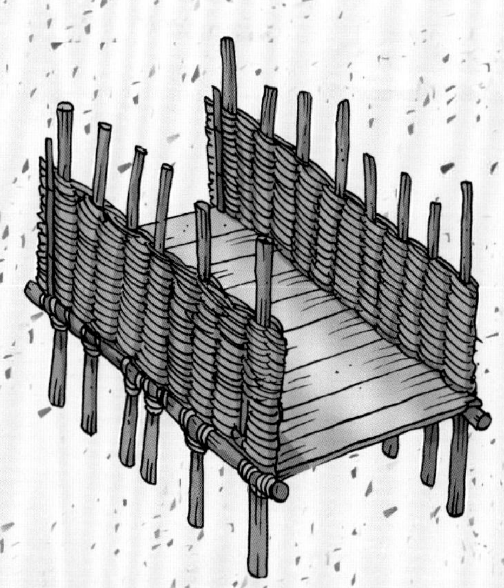

《古代建筑奇迹》

高耸的希巴姆泥塔、神秘的马丘比丘、粉红色的“玫瑰之城”佩特拉、被火山灰“保存”下来的庞贝古城……

一起走进古代人用双手建造的奇迹之城，感受古代建筑师高明巧妙的设计智慧！

你将了解： 棋盘式布局　选址要素　古代建筑技术

《冒险者的家》

你有没有想过把房子建到树上去？

或者，体验一下住在大篷车里、帐篷里、船屋里、冰雪小屋里的感觉？

你知道吗？世界上真的有人在过着这样的生活。他们既是勇敢的冒险者，也是聪明的建筑师！

你将了解： 天然建筑材料　蒙古包的结构　吉卜赛人的空间利用法

《童话小屋》

莴苣姑娘被巫婆关在哪里？塔楼上！

三只小猪分别选择了哪种建筑材料来盖房子？稻草、木头和砖头！

用彩色石头和白色油漆，就可以打造一座糖果屋！

建筑师眼中的童话世界，真的和我们眼中的不一样！

你将了解： 建筑结构　楼层平面图　比例尺

《绿色环保住宅》

每年都会有上亿只旧轮胎报废，它们其实是上好的建筑材料！

再生纸可以直接喷在墙上给房子保暖！

建筑师们向太阳借光，设计了向日葵房屋；种植草皮给房顶和墙壁裹上保暖隔热的“帽子”、“围巾”……

你将了解： 再生材料　太阳能建筑　隔热材料

《高高的塔楼》

你喜欢住在高高的房子里吗？

建筑师们是怎么把楼房建到几十层高的？

在这本书里，你将认识各种各样的建筑，还会看到它们深埋地下的地基。你知道吗？建筑师们为了把比萨斜塔稍微扶正一点儿，可是伤透了脑筋！

你将了解： 楼层　地基和桩　铅垂线

《住在工作坊》

在工作的地方，有些人安置了自己小小的家，这样，他们就不用出门去上班了！

在这本书中，建筑师将带你走入风车磨坊、潜艇、灯塔、商铺、钟楼、土楼、牧场和宇宙空间站，看看那里的工作者们如何安家。

你将了解： 风车　灯塔发光设备　建筑平面图

《新奇的未来建筑》

关于未来，建筑师们可是有许多奇妙的点子！

立体方块房屋、多边形房屋、未来城市社区、海洋大厦……这些新奇独特的设计，或许不久就能变成现实了！

那么，未来的你又想住在什么样的房子里呢？

你将了解： 新型技术　空间利用　新型材料

《动物建筑师》

一起来拜访世界知名建筑师织巢鸟先生、河狸一家、白蚁一家和灵巧的蜜蜂、蜘蛛吧！它们将展示自己的独门建筑妙招、天生的建筑本领和巧妙的建筑工具。没想到吧，动物们的家竟然这么高级！

你将了解： 巢穴　水道　蛛网　形状

《长城与城楼》

万里长城是怎样建成的？

城门洞里和城墙顶上藏着什么秘密机关？

为了建造固若金汤的城池，中国古代的建筑师们做了哪些独特的设计？

你将了解： 箭楼　瓮城　敌台　护城河

《宫殿与庙宇》

来和建筑师一起探秘中国古代的园林和宫殿建筑群！

在这里，你将认识中国园林、宫殿和佛寺建筑的典范，了解精巧的木制斗拱结构，还能和建筑师一起来设计宝塔。赶快出发吧！

你将了解： 园林规则　斗拱　塔

出品　中信儿童书店
图书策划　火麒麟

策划编辑　范萍　张旭
执行策划编辑　张平
责任编辑　邹绍荣
营销编辑　曹灵
装帧设计　垠子
内文排版　素彼文化

出版发行　中信出版集团股份有限公司
服务热线：400-600-8099　网上订购：zxcbs.tmall.com
官方微博：weibo.com/citicpub　官方微信：中信出版集团
官方网站：www.press.citic

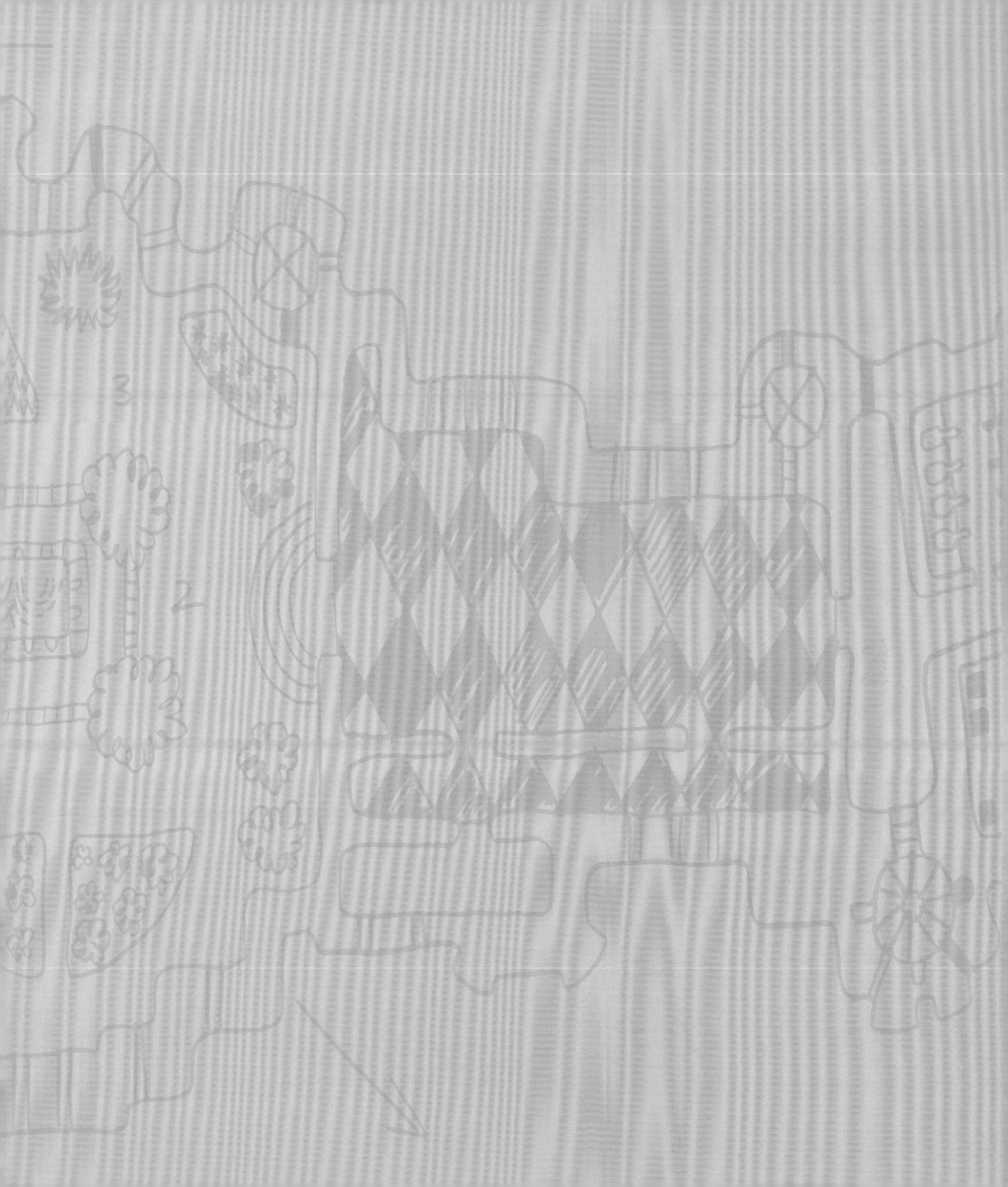

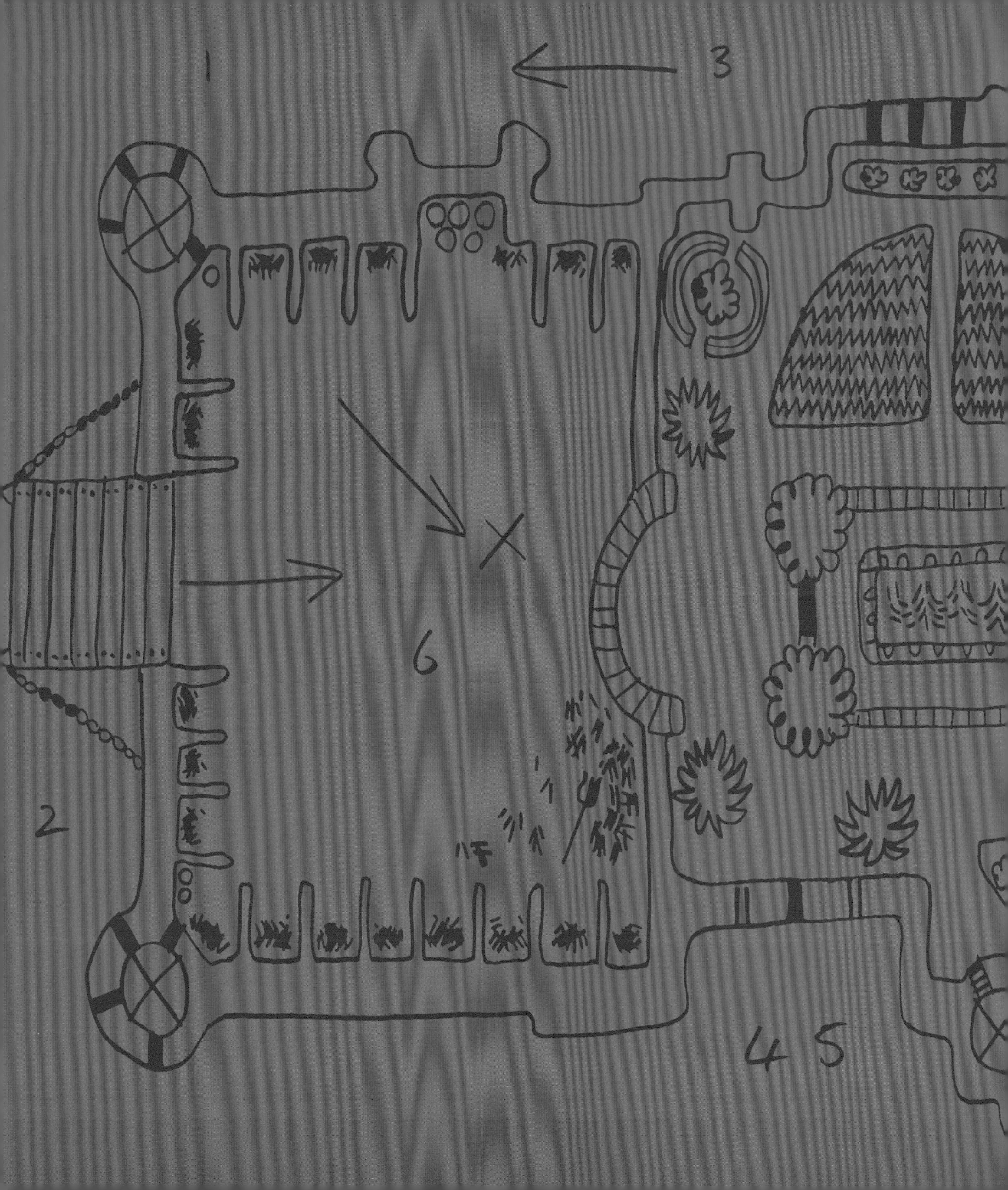
1
3
2
6
4
5